ニュートン**超図解**新書

最強にわかる

発達障害

はじめに

　最近,「発達障害」という言葉をよく聞くようになりました。自分が発達障害であることを公表する有名人がいたり, 発達障害を題材にしたテレビドラマが放送されたりしています。インターネットやテレビを見て, 自分や家族が発達障害かもしれないと思った人も, いるのではないでしょうか。

　発達障害とは, 生まれつき脳の発達が通常とことなることで, 生活に支障をきたしてしまう場合があることをいいます。発達障害の多くは, 子供のころに問題が明らかになります。その一方で, 子供のころは何の問題もなく, 成人後に社会に出てから, 問題が表面化す

る発達障害もあります。大人になってから表面化する発達障害は,「大人の発達障害」などとよばれています。

　本書は,発達障害について,ゼロから学べる1冊です。発達障害の症状や原因,発達障害の人の対応法について,"最強に"わかりやすく紹介しています。どうぞご覧ください。

ニュートン超図解新書
最強にわかる
発達障害

第1章
発達障害とは，何だろうか

1 発達障害は，その人の生まれつきの特性 … 14

2 発達障害の原因は，脳の発達のかたより … 18

3 アメリカでは，発達障害の人がふえている … 21

4 日本では，発達障害の人の正確な数が
わかっていない … 24

5 大人になってから，表面化することもある … 27

6 発達障害が，ひきこもりの原因になることも … 30

4コマ 「自閉」を報告した2人の医師 … 34

4コマ ドイツ語がよくなかった？ … 35

第2章
自閉症スペクトラム障害（ASD）

1 対人関係が苦手で，何かに強くこだわる … 40

2 かつては，物まね神経細胞が原因とされた … 43

3 相手の反応を判断する脳のはたらきが弱い … 46

コラム 博士！教えて!!
脳って何ですか？… 50

4 内側前頭前野は，
相手の心を読む能力ももつ … 52

5 相手の行動を予測する「スマーティ課題」… 55

6 内側前頭前野は，
相手の真意を理解する能力をもつ … 58

7 脳の体積の大きさが，部分的にちがう … 62

コラム サヴァン症候群 … 66

8 視覚や聴覚，嗅覚などが，敏感になる … 68

9 ASDの子供のおよそ9割に，
合併症がみられた … 71

10 自分のもつ特性について，
よく知ることが重要！ … 74

4コマ 自閉症研究のきっかけ … 78

4コマ 親のための本を出版 … 79

第3章
注意欠陥多動性障害（ADHD）

1 不注意だったり，
落ち着きがなかったりする … 82

2 注意欠如優勢型は，ぼんやりしてみえる … 85

3 多動・衝動性優勢型は，
そわそわしてみえる … 88

4 混合型は，人によって症状がことなる … 91

コラム モーツァルトは，ADHDだったかも … 94

5 脳の快や不快を感じる回路と関係があるかも … 96

6 脳の大脳基底核の体積が，通常よりも小さい … 99

7 脳で信号を伝える物質が，うまくはたらかない … 102

8 作業に必要な，一時的な記憶のはたらきが弱い … 105

9 依存症を併発する人が，少なくない … 108

10 脳の信号の伝達を，改善する薬がある … 111

4コマ ADHDの概念のはじまり … 114

4コマ 英国の小児科の父 … 115

第4章
学習障害（LD）

1 読み書きや算数などを，学習することがむずかしい … 120

2 読みが苦手な人は，書きも苦手なことが多い … 123

3 算数の障害を判断する，四つの基準がある … 126

4 読みと書きでは，脳の情報伝達のルートがちがう … 129

5 読み書きの苦手は，神経細胞の配置が原因かも … 132

コラム 博士！教えて!! M:I って何ですか？ … 136

6 長所を使った教え方をすることが重要！ … 138

7 生活の中で数を使った経験をすることも大事 … 142

8 LDとADHDには，密接な関係がある … 145

第5章
発達障害の人の対応法

1 まずは、自分の特性をよく知ろう … 152

2 発達障害の人の対応法は、
大きく分けて三つある … 155

3 自分の特性を理解して、
処世術を身につける … 158

4 自分の特性を、
まわりの人に理解してもらう … 161

コラム 世界自閉症啓発デー … 164

5 細かく締め切りを設定して、
時間を可視化! … 166

6 目や耳に入る情報を減らして、
集中力アップ! … 169

7 まわりの人と相談して、
事前に優先順位を決めておく … 172

8 スマホや手帳で、チェックの
しくみをつくる … 175

9 物の置き場所を，使う頻度に応じて決めておく … 178

10 会議の日時や議題などを，ノートに書きだしておく … 181

11 会話のときは，相手が主役と考える … 184

コラム 発達障害かなと思ったら … 188

さくいん … 192

【本書の主な登場人物】

ローナ・ウィング

(1928 〜 2014)

イギリスの精神科医。自閉症スペクトラム障害（ASD）の概念を提唱した。

中学生

カピバラ

第1章

発達障害とは，何だろうか

最近,「発達障害」という言葉をよく聞くようになりました。自分や家族が，発達障害かもしれないと思った人も，いるのではないでしょうか。第1章では，発達障害とは何かについて，みていきましょう。

1 発達障害は,その人の生まれつきの特性

発達障害のうち,主なものは三つ

「発達障害」とは,生まれつき脳の発達が通常とことなることで,生活に支障をきたしてしまう場合があることをいいます。近年では,発達障害は,精神疾患というよりも,その人の生まれつきの特性であるというとらえ方が一般的です。

発達障害のうち,主なものは,
「自閉症スペクトラム障害(ASD)」
「注意欠陥多動性障害(ADHD)」
「学習障害(LD)」
の三つです。

自閉症に関連する障害は、明確に分けられない

自閉症スペクトラム障害（ASD）の「自閉症」とは、言葉の発達の遅れやコミュニケーションの障害などの特徴をもつ症状です。自閉症に関連する障害は複数あり、また一般の人にも自閉症の特徴は部分的に認められ、明確に分けるのは困難です。そのため現在では、「連続している」という意味の「スペクトラム」という言葉を使い、自閉症スペクトラム障害（ASD）と表現されています。

注意欠陥多動性障害（ADHD）は、約束や物を忘れるなどの「不注意」や、じっとしていられないなどの「多動」が特徴です。**学習障害（LD）**は、知能の遅れはないものの、「読む」「書く」「計算する」などの学習が苦手な特性をもちます。

1 発達障害の分類

発達障害の分類をえがきました。自閉症スペクトラム障害（ASD），注意欠陥多動性障害（ADHD），学習障害（LD）の三つの発達障害は，併発することもあります。

自閉症スペクトラム障害（ASD）

自閉症

- 言語の発達の遅れやコミュニケーションの障害がある
- 対人関係，社会性の障害
- パターン化した行動，こだわり

注意欠陥多動性障害（ADHD）

- 不注意
- 多動（じっとしていられない）
- 多弁（しゃべりつづける）
- 衝動的に行動する
  （考えるよりも先に動く）

第1章 発達障害とは,何だろうか

アスペルガー症候群

- 言葉の発達の遅れやコミュニケーションの障害は明らかではない
- 対人関係,社会性の障害
- パターン化した行動,こだわり

学習障害(LD)

「読む」「書く」「計算する」などが,知的発達にくらべて極端に苦手

注:自閉症のうち,言葉や知能に遅れをもたないタイプは,かつて「アスペルガー症候群」とよばれていました。現在は,自閉症もアスペルガー症候群も,自閉症スペクトラム障害(ASD)に含まれます。

2 発達障害の原因は，脳の発達のかたより

脳の関連性が，疑われるようになった

　かつて発達障害は，子供の育て方や心の問題が原因と考えられることもありました。発達障害と脳の関連性が疑われるようになったのは，20世紀なかばになってからのことです。

　発達障害の人の脳の状態は，脳の解剖や脳画像の研究，脳の活動を画像化できる「fMRI（機能的磁気共鳴画像法）」の導入などによって，次第にわかってきました。そして発達障害の人の脳では，普通の人の脳にそなわっている機能が，うまくはたらいていないことがわかったのです。

第1章 発達障害とは,何だろうか

2 fMRI

fMRI(機能的磁気共鳴画像法)のイメージをえがきました。体の断層画像を撮影する「MRI(磁気共鳴画像法)」の技術を応用して,脳の活動のようすを可視化します。

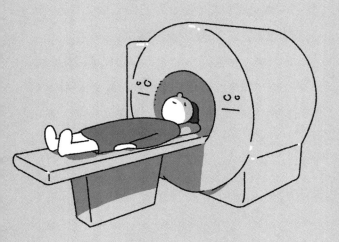

fMRIは,脳のどこがよくはたらいているのかを,知ることができるのです。

脳の発達のかたよりが、特性をつくる

発達障害の人の脳は、発達のしかたが普通の人と少しことなっています。そのため普通の人とくらべて、得意なところと不得意なところが、極端に出てしまうことがあります。

たとえば、発達障害の人のなかには、見たものを一瞬で記憶するなど、特別な能力をもつ人がいます。しかしその一方で、一般の社会生活を送るうえで必要な能力が、十分ではない人もいます。脳の発達のかたよりが、発達障害の人の特性をつくっているのです。

脳科学が発展したことで、発達障害の症状をもっている人の脳が、実際にどのように働いているのかがわかってきたんだね。

3 アメリカでは、発達障害の人がふえている

ASDの頻度は、16年間で約3倍

2020年3月、アメリカ疾病予防管理センター（CDC）は、アメリカ国内の8歳児の発達障害の頻度を発表しました。ここでいう頻度とは、ある時点で発達障害をもつ人の割合です。

発表によると、2016年の自閉症スペクトラム障害（ASD）の頻度は、1.85％でした。2000年のASDの頻度は、0.67％でした。ASDの頻度は、16年間で約3倍にふえていました。

一方、2016年の注意欠陥多動性障害（ADHD）の頻度は、6.1％でした。2003年のADHDの頻度は、4.4％でした。ADHDの頻度も、ふえていました。

国際的にふえているか，結論は出ていない

　アメリカで行われた疫学調査は，アメリカの精神医学会が2013年に発表した「DSM-5」という診断基準によるものでした。

　アメリカで行われた疫学調査では，発達障害の人がふえていました。しかし，国際的に発達障害の人がふえているのかどうかは，まだ結論が出ていません。その最も大きな理由は，共通の診断基準による，国際的で大規模な疫学調査が行われていないためです。

DSM-5は「Diagnostic and Statistical Manual of Mental Disorders（精神疾患の診断・統計マニュアル第5版）」の略です。

第1章 発達障害とは、何だろうか

3 ASDの頻度

アメリカ国内の8歳児の、自閉症スペクトラム障害（ASD）の頻度をあらわしました。2016年のASDの頻度は1.85 %で、約54人に1人の割合でした。2000年のASDの頻度は0.67 %で、約150人に1人の割合でした。

2016年

頻度
1.85 %

約54人に
1人の割合

2000年

頻度
0.67 %

約150人に
1人の割合

アメリカでは、ASDの人も
ADHDの人もふえているカピ。

4 日本では,発達障害の人の正確な数がわかっていない

弘前市で,「5歳児発達診断」を実施した

==2024年7月1日時点で,日本ではDSM-5による発達障害の全国的な疫学調査は,行われていません。==

　青森県にある弘前大学は2013〜2016年に,弘前市のすべての5歳児に対して,DSM-5による「5歳児発達健診」を毎年実施しました。その調査結果によると,自閉症スペクトラム障害(ASD)の4年間の「おおよその頻度」(地域でASDと診断された5歳児÷地域に住んでいる5歳児)は,1.73％でした。さらに,診断できなかった5歳児の分を統計学的に推論した4年間の「調整された頻度」を計算すると,3.22％でした。

第1章 発達障害とは、何だろうか

4 1クラスに2〜3人程度

2012年に、文部科学省が小中学校の教師を対象に行った全国調査によると、「学習面または行動面でいちじるしい困難を示す」とされた小中学生の割合は、6.5％でした。イラストは、発達障害の可能性がある生徒（濃い灰色でえがいた生徒）が、30〜40人学級に2〜3人程度いることをあらわしています。

(出典：通常の学級に在籍する発達障害の可能性のある特別な教育的支援を必要とする児童生徒に関する調査、文部科学省、2012)

発達障害の可能性がある友だちは、身近にいるということだよね。

ASDと診断される人の割合は, ふえていなかった

弘前大学の4年間の調査結果では,「5年累積発生率」(5年間に新たにASDと診断される5歳児の割合)も計算されました。すると, その値に, 大きな変化はみられませんでした。新たにASDと診断される5歳児の割合は, ふえていなかったことがわかりました。

日本に発達障害の人がどれぐらいいるのか, そして発達障害の人がふえているのかどうかは, 正確にはわかっていません。全国的な疫学調査の実施が, 待たれています。

(出典:Prevalence and cumulative incidence of autism spectrum disorders and the patterns of co-occurring neurodevelopmental disorders in a total population sample of 5-year-old children)

日本では, 2005年に発達障害者支援法が施行されたことで, 発達障害の知識が広まったカピ。

5 大人になってから、表面化することもある

学生時代には、問題にならないことが多い

発達障害が知られるようになってきて、「大人の発達障害」にも注目が集まっています。大人の発達障害とは、成人後に社会に出てから、発達障害だとわかるケースのことです。

たとえば自閉症スペクトラム障害（ASD）は、学生時代には問題にならないことがあります。得意な教科で優秀な成績をあげれば、大企業に就職することもできます。ところが職場では、上司や同僚の意図をくみ取ることができず、孤立してしまいます。産業医にすすめられて専門外来を受診し、そこではじめてASDと診断される場合があります。

インターネットで
調べていくうちに気づく

　子供をもってはじめて,自分が注意欠陥多動性障害(ADHD)だったと気づく場合もあります。たとえば,子供に多動の傾向があり,インターネットなどで調べていくうちに,自分もADHDの症状にあてはまることに気づきます。**このように大人の発達障害は,就職や結婚などの生活環境の変化をきっかけに問題が表面化して,発達障害だとわかるのです。**

> 発達障害は,生まれつきの症状なのです。自分で課題を見つけ,他人と協力しながら問題を解決する,マルチタスクで効率よく物事をこなすなど,発達障害の人が苦手なことをすることによって,発達障害の症状が強く出てくるのです。

第1章 発達障害とは,何だろうか

5 大人の発達障害

発達障害は,社会人になってから,集団生活を行っていく過程で表面化することがあります。コミュニケーションがうまくとれない,相手の真意を理解できないなどの自分の特性が強く出て,はじめて発達障害だとわかるのです。

発達障害の特性は,求められる役割が変わったときに,表面化しやすいカピ。

6 発達障害が,ひきこもりの原因になることも

ひきこもり状態にある人は,100万人超か

　内閣府が2019年に40〜64歳を対象に行った「生活状況に関する調査」では,ひきこもり状態にある人が,全国で61万3000人いると推計されています。同じく2015年に15〜39歳を対象に行った調査では,54万1000人と推計されました。そのため,ひきこもり状態にある人は,100万人を突破しているとも考えられています。こうしたひきこもりの原因の一つであると考えられているのが,発達障害です。

第1章 発達障害とは,何だろうか

6 ひきこもりのきっかけ

内閣府が2019年に40〜64歳を対象に行った調査によると,ひきこもりのきっかけの上位五つは,「退職した（36.2％）」「人間関係がうまくいかなかった（21.3％）」「病気（21.3％）」「職場になじめなかった（19.1％）」「就職活動がうまくいかなかった（6.4％）」でした。

ひきこもりのきっかけは,発達障害が原因でおきたのかもしれないのです。

社会的コミュニケーションが
とりづらくなる

　内閣府が2019年に40～64歳を対象に行った調査によると,ひきこもりのきっかけとなった理由には,「人間関係がうまくいかなかった(21.3%)」や「職場になじめなかった(19.1%)」などがありました。

　自閉症スペクトラム障害(ASD)の症状が強く出ている場合,社会的コミュニケーションがとりづらくなります。また,ASDの症状と注意欠陥多動性障害(ADHD)の症状が重複している場合,周囲の人から奇異にみられることも多く,次第に孤立していく人も少なくありません。

発達障害の特性を,本人も周囲も知ることが大切なんだカピ。

第1章 発達障害とは，何だろうか

memo

最強にわかる 発達障害

「自閉」を報告した2人の医師

アメリカの児童精神科医 レオ・カナー（1894〜1981）とオーストリアの小児科医 ハンス・アスペルガー（1906〜1980）

自閉症の概念の成立にはこの2人の功績が大きかったといわれる

カナーは今日の自閉症にあたる症例をはじめて発表

1943年 「早期幼児自閉症」を提唱

知的障害をともなうめずらしい症例だと考えられていた

一方のアスペルガーも論文を発表

「自閉的精神病質」を提唱 1944年

知的障害をともなわない症例の報告で彼らの特異な才能にも注目していた

2人は自閉症研究の基礎をきずいたものの会う機会は一度もなかったという

ドイツ語がよくなかった？

アスペルガーは1906年にウィーンで生まれた

文学や芸術を愛しラテン語など語学の才能も高かった

ウィーン大学医学部を卒業後、同大学の小児科病棟で働いた

研究にもいそしみ論文も発表した

アスペルガーとカナーの論文報告はほぼ同時期だった

しかし英語圏に受け入れられたのはカナーの業績だった

アスペルガーの業績は約40年後に再評価され世界中で注目を集めた

時間がかかったのはアスペルガーの論文がドイツ語だったためともいわれている

memo

第2章
自閉症スペクトラム障害（ASD）

発達障害のうち，自閉症スペクトラム障害（ASD）は，相手と意思疎通をはかることが苦手だったり，こだわりが強かったりする特性のある障害です。第2章では，ASDについてみていきましょう。

1 対人関係が苦手で,何かに強くこだわる

意思の疎通がはかれず,問題がおきる

　　自閉症スペクトラム障害(ASD)は,対人関係がうまくできないことが特徴です。自分の考えていることや感じていることを,伝えるのが苦手です。相手の考えていることを,適切に理解できないこともあります。このため,意思の疎通がはかれず,日常活動にさまざまな問題がおきます。また,いろいろなことに固執したり,ある事がらが頭からはなれずに困るようなことも,しばしばみられます。

第2章 自閉症スペクトラム障害（ASD）

1 ASDの2大症状

ASDの症状は、大きく分けて二つあります。一つは、社会的コミュニケーション障害（A）で、もう一つは、反復的な行動パターン（B）です。

A. 社会的コミュニケーション障害
- 視線や表情による意思疎通が苦手
- 言葉の表面的な意味にとらわれやすい

B. 反復的な行動パターン
- 興味と行動のかたより、こだわりがある
- 聴覚や皮膚などの感覚が過敏

特性が強い人も、そうでない人もいる

自閉症スペクトラム障害の「スペクトラム」には、「連続している」という意味があります。自閉症としての特性が強い人がいる一方で、自閉症の特性はもっているけれども、自閉症の診断基準を満たさない人もいます。このように、連続性のある特性が、自閉症スペクトラム障害の特徴です。

本書では、自閉症スペクトラム障害と表記しています。しかし最近では、障害ではなくて生まれつきの特性であるという考え方から、「自閉スペクトラム症」というよび方が一般的になりつつあります※。

※：アメリカの精神医学会が2013年に発表した診断基準「DSM-5」の日本語訳では、「自閉スペクトラム症」という診断名が使われています。

第2章 自閉症スペクトラム障害(ASD)

2 かつては、物まね神経細胞が原因とされた

脳のどの部位が、影響をあたえるのか

　近年の研究で、自閉症スペクトラム障害(ASD)と、脳の機能との関係性が、次第に明らかになりつつあります。「MRI(磁気共鳴画像法)」や脳の活動を画像化できる「fMRI(機能的磁気共鳴画像法)」を活用した研究によって、脳のどの部位がASDの症状に影響をあたえるのかが、研究されてきました。

ミラーニューロンだけでは、説明しきれない

　一時期は、脳の「ミラーニューロン」が、ASDの症状にかかわっているのではないかと考えら

れました。ミラーニューロンとは,ある動作を自分がするときと,同じ動作を他人がするのを見たときで,同じように活動する脳の神経細胞です。ミラーニューロンは,他人の行動を理解したり,他人に共感したり,他人をまねしたりするときにはたらき,言語の習得にもかかわりがあるとみられています。

しかし現在では,ミラーニューロンの機能障害だけでは,ASDの症状を説明しきれないと考えられています。そのため,さまざまな角度から,研究が進められています。

ASDの症状の説明には,ミラーニューロンよりも高い機能を持つ脳の領域の説明が必要であるとされ,ミラーニューロン仮説に関する論文は少なくなっているのです。

第2章 自閉症スペクトラム障害(ASD)

2 ミラーニューロン

リンゴをもぎとるサルAを見ているサルBの頭の中では、自分がリンゴをもぎとるときと同じように、脳の神経細胞が活動しています。これが、ミラーニューロンです。

自分がリンゴを
もぎとるときと同じように
脳の神経細胞が活動する

リンゴをもぎとる
サルA

リンゴをもぎとるサルAを
見ているサルB

3 相手の反応を判断する脳のはたらきが弱い

反応を判断しているのは,「内側前頭前野」

　自閉症スペクトラム障害(ASD)の原因を探る脳の研究は,どこまで進んでいるのでしょうか。いま,脳の前頭葉にある「内側前頭前野」の役割が,明らかになりつつあります。

　一般的にコミュニケーションは,話し手がある情報を伝えたときに,聞き手がその情報に一定の反応をすることで成立しています。相手の反応がよければ,話し手はもっと話したいと考えます。このとき,相手の反応を判断しているのが,内側前頭前野です。

第2章 自閉症スペクトラム障害（ASD）

3 内側前頭前野

内側前頭前野の位置をえがきました。イラストは，右大脳半球を，内側から見たところです。内側前頭前野は，大脳の内側のおでこ側にあります。

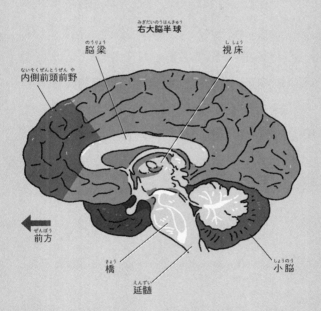

右大脳半球

脳梁
視床
内側前頭前野
前方
橋
延髄
小脳

内側前頭前野は，相手の反応を判断しているカピ。

47

非言語情報を処理する領域が、はたらいていない

　内側前頭前野は，言葉や文字などの言語情報だけではなく，視線や表情などの非言語情報を読みとり，相手の反応を総合的に判断します。ところがfMRIで脳の活動状態を画像化したところ，ASDの人の脳では，内側前頭前野の非言語情報を処理する領域が，あまりはたらいていないことがわかりました。

　ASDの人はなぜ社会的コミュニケーションが苦手なのか，その理由が，脳の活動からわかってきたのです。

（出典：Hayashi, T. et al.: Cell Reports, 30(13) : 4433-4444.e5, 2020）

内側前頭前野は，社会活動を支える脳の領域なんだね。

第2章　自閉症スペクトラム障害（ASD）

memo

脳って何ですか？

博士，脳って何なんですか？

ふむ。脳は，大ざっぱにいうと，無数の神経細胞の集まったものじゃ。ヒトの脳には，神経細胞がおよそ1000億個もあるといわれておる。

へぇ。集まって何してるんですか？ 神経細胞。

何って…。神経細胞どうしはつながっていて，神経細胞から神経細胞へと信号を送っているんじゃ。そしてその神経細胞を伝わる信号が，わしらの感覚とか思考とか感情などを生みだしているんじゃよ。じゃが，くわしい脳のしくみは，まだまだわかっていないんじゃ。

へぇ〜。じゃあ、どんな見た目か教えてください！

 うむ。生きている脳は、ピンク色をしていて、豆腐ぐらいのかたさじゃ。重さの80％が、水分なんじゃ。

 へぇ〜。ピンク色の冷ややっこみたいなものかぁ。

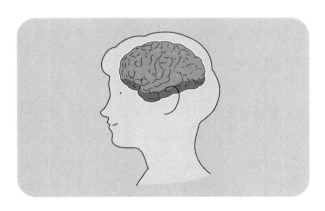

4 内側前頭前野は，相手の心を読む能力ももつ

相手の行動を正しく予測できるかを調べる

46～48ページでは，内側前頭前野が，相手の反応を判断するうえで重要な役割を果たすことを紹介しました。**最近の研究で，内側前頭前野は，相手の心を推測する能力ももつことがわかってきました。**

他人の心を理解しているかどうかを確かめる方法の一つに，「誤信念課題」があります。誤信念課題とは，自分が知っている事実を相手が知らないときに，相手の行動を正しく予測できるかどうかを調べる課題のことです。ヒトの脳画像研究では，誤信念課題を解いているときに，内側前頭前野を含む広範囲の神経ネットワークが活動していることが知られていました。

第2章　自閉症スペクトラム障害（ASD）

4 ニホンザルでの実験

ニホンザルを使った実験では，動画の誤信念課題を解かせ，目の動きを赤外線カメラで記録しました。そして，相手の心を推測するような視線のかたよりがあるかどうかを調べました。

この実験で，ヒト以外の動物にも，ヒトと同じように内側前頭前野の機能に関連した「相手の心を読む能力」が進化していたことを示すはじめての結果が得られたんだカピ。

内側前頭前野がはたらかないと，推測できない

　ヒト科に近いマカクザルの一種であるニホンザルに，誤信念課題を解かせたところ，ヒトと同じように相手の心を推測する能力があることがわかりました。さらに，内側前頭前野の神経活動を抑制した状態のサルに誤信念課題を解かせると，サルは相手の心を推測することができなくなりました。この実験から，内側前頭前野がはたらかないと，相手の心を推測できないことがわかったのです。

（出典：Hayashi, T. et al.: Cell Reports, 30(13) : 4433-4444.e5, 2020）

サルも相手の立場で考えることができますが，内側前頭前野がはたらいていないサルは，相手の心を推測できなかったのです。

第2章　自閉症スペクトラム障害（ASD）

5 相手の行動を予測する「スマーティ課題」

幼児期の「心の理論」の発達過程を調べる

　私たちが他人の行動を理解したり予測したりするときには、その人の心の中で何がおきているのかを推測します。**心のはたらきと、そこからみちびきだされる行動との関連性などについての考えを,「心の理論」とよびます。** また、心の理論にもとづいて人の心の状態を推測する能力があることを,「心の理論をもつ」といいます。

　1983年、ザルツブルク大学のハインツ・ウイマーとサセックス大学のジョセフ・パーナーは、誤信念課題をもちいて、幼児期の心の理論の発達過程を調べる研究を行いました。

正答率は,
4〜7歳の子供で上昇

　パーナーらが1987年に考案した「スマーティ課題」では,自分の誤信念を理解しているか,そして他人の誤信念を理解しているかということが試されます(右ページのイラスト)。スマーティ課題に対する正答率は,3〜4歳の子供で低く,4〜7歳の子供で上昇することがわかりました。1991年,パーナーらは一連の研究結果をまとめて,心の理論が出てくるのは4歳ぐらいからだと結論づけています。

(出典:Perner, J., Leekam, S. R., & Wimmer, H.(1987). Three-year-olds' difficulty with false belief: The case for a conceptual deficit. British Journal of Developmental Psychology, 5, 125-137.)

53〜54ページのニホンザルの実験も,「心の理論」がはたらくかどうかという考えにもとづいて行われたそうだよ。

第2章 自閉症スペクトラム障害(ASD)

5 スマーティ課題

スマーティ課題は,丸いチョコレートのお菓子「スマーティ」の箱を使った実験です(1〜4)。鉛筆が入った箱を他人に見せたとき,その人が誤解して「中身はチョコレート」と答えることを,子供が推測できるかを確認します。

1.
中身を鉛筆に入れかえたお菓子の箱を子供に見せて,何が入っているか質問する。

2.
箱を開け,お菓子ではなく鉛筆が入っていることを子供に見せて,箱を閉じる。

3.
「箱には実際に何が入っていた?」と子供に質問する。

4.
「この箱をAさんに見せたら,Aさんは何が入っていると答える?」と子供に質問する。

6 内側前頭前野は，相手の真意を理解する能力をもつ

言葉の内容と，表情や声色のくいちがい

社会生活を送るうえでは，相手の真意を理解することが必要です。最近の研究で，内側前頭前野は，相手の言葉の内容と表情や声色のくいちがいを感じとっていることがわかってきています。

たとえば，自閉症スペクトラム障害（ASD）の成人15人と，普通の成人17人が参加した研究があります。参加者には，俳優が登場するビデオを見てもらい，その俳優が参加者にとって友好的か敵対的かを判断してもらいました。そしてそのときの脳の活動の変化を，fMRIで測定しました。

第2章　自閉症スペクトラム障害（ASD）

6 実はNOと思っている人

実はNOと思っている人をえがきました。ASDの人は、相手の言葉がYESであれば、表情や声色がNOであっても、YESと理解してしまいます。そのため、相手が皮肉や冗談をいっても、その真意を理解することができません。

相手の真意を理解できているか、自分も自信がないカピ。

内側前頭前野の活動が弱くなっていた

　研究の結果，普通の人の脳では，表情や声色などの非言語情報を重視して，相手の意図を判断していることがわかりました。そして内側前頭前野などが，強く活動をしていました。

　一方ASDの人の脳では，表情や声色などの非言語情報を重視して相手の意図を判断する機会が少なく，内側前頭前野の活動も弱くなっていました。さらに，内側前頭前野の活動が弱い人ほど，コミュニケーションの障害が重症化していることがわかりました。相手の真意を理解できない脳の状態が，明らかになってきたのです。

（出典：Watanabe T. et al.: PLoS One, 7(6)：e39561, 2012）

第2章 自閉症スペクトラム障害(ASD)

memo

7 脳の体積の大きさが，部分的にちがう

ASDの人の脳の体積は，1〜2歳で急増

　自閉症スペクトラム障害（ASD）の症状は，年齢とともに緩和されるということが経験的に知られています。これは，脳が年齢とともに発達し，特性も変化するためと考えられています。

　普通の人の脳の体積は，生まれてから徐々にふえていき，思春期にピークをむかえ，その後ゆるやかに減っていきます。これに対して，ASDの人の脳の体積は，1〜2歳の時期に急激にふえ，その後普通の子供に近づき，最終的に普通の人とほぼ同じになります。

第2章 自閉症スペクトラム障害(ASD)

脳の体積異常が,
障害を引きおこす

ASDの人の脳では,1〜2歳の時期の脳の発達過程のちがいによって,脳のある部分の体積が,普通の人の脳とくらべて大きかったり小さかったりということがおきます。

脳の体積異常がおきるのは,表情の認知にかかわる「扁桃体」や,顔の認知や視線処理などに関連する「紡錘状回」,対人コミュニケーションで情報処理の中心となる「内側前頭前野」や,行動や運動の調整を行う「小脳」などです。こうした脳の体積異常が,コミュニケーション障害を引きおこしていると考えられています。

(出典:Yamasue, H. et al.: Neurology, 65 : 491-492, 2005)
(出典:Redcay, E. et al.: Biol Psychiatry, 58 (1) : 1-9, 2005)
(出典:Yamasaki, S. et al.: Biol Psychiatry, 68 (12) : 1141-7, 2010)

7 体積異常がおきる場所

ASDの人の脳で,体積異常がおきる場所をえがきました。体積異常がおきるのは,扁桃体,紡錘状回,内側前頭前野,小脳などです。

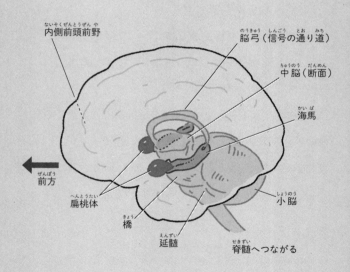

第 2 章 自閉症スペクトラム障害（ASD）

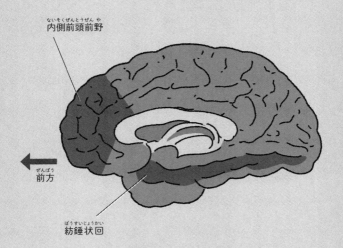

サヴァン症候群

精神障害や知能障害をもちながら，特定の分野で驚異的な能力を発揮する人たちを，「サヴァン（savant）」といいます。そしてサヴァンがもつ症状は，「サヴァン症候群」とよばれています。

サヴァンの驚異的な能力は，人によってさまざまです。たとえば音楽の分野では，一度だけ聞いた曲を，習ったことがないピアノで完全に弾ける人がいます。美術の分野では，一瞬だけ見た景色を，細部まで完全にえがける人がいます。数学の分野では，素因数分解を瞬時にできる人がいます。

多くのサヴァンに共通するのは，驚異的な記憶力です。地図や歴史，乗り物の時刻表など，ぼう大な情報を記憶できるのです。驚異的な記憶力は，単独で発揮される場合もあれば，ほかの才能とあわ

せて発揮される場合もあります。**サヴァンは,自閉症スペクトラム障害（ASD）の人に多く,ASDの人の10〜25％がサヴァンともいわれています。**

8 視覚や聴覚，嗅覚などが，敏感になる

周囲の音が，すべて耳に入ってくる

自閉症スペクトラム障害（ASD）の人は，視覚や聴覚，嗅覚，触覚，味覚などが，敏感なことがあります。

聴覚が敏感な人のなかには，本人を取り巻く周囲の音がすべて耳に入ってくるため，会話中に相手の声が聞き取りづらいという人もいます。また，聴覚過敏の子供では，聴覚過敏が大きいほど，起きているときに過活動をする子供が多いという調査結果もあります。

第2章 自閉症スペクトラム障害（ASD）

8 聴覚が敏感な人の聞こえ方

聴覚が敏感な人は，会話相手の声が聞き取りづらいです。別のグループの人の会話や，緊急車両のサイレンの音，犬のほえる声など，周囲の音がすべて耳に入ってくるためです。

周囲の音がすべて耳に入ってきたら，きっとうるさくてたまらないよね。

においの記憶を判断する過程に,ちがいがある

普通の人の脳とASDの人の脳とで,においをかいだときの脳の活動がどのようにことなるのか,脳波を測定した研究があります。

　研究では,最初ににおいをかいだときの脳の活動に,ちがいは認められませんでした。ところが,そのにおいの記憶にどのような意味があるのかを判断する過程で,ちがいがあらわれました。ASDの人の脳では,後頭葉の一部である「楔部」や,帯状皮質の一部である「後帯状皮質」などの,嗅覚以外の感覚刺激を処理する脳の領域が活動していたのです。

(出典:Touhara, K. et al.: Chemical Senses, 45, Issue1:37-44, 2020)
(出典:Takahash, H. et al.: Front Psychiatry, 9:355, 2018)

9 ASDの子供のおよそ9割に、合併症がみられた

ほかの発達障害を、あわせもっている

　自閉症スペクトラム障害（ASD）は、スペクトラムという名前がついているように、症状の境目が明確ではありません。そして、ほかの発達障害をあわせもっている場合が少なくありません。

　弘前大学は2013〜2016年に、弘前市のすべての5歳児に対して、DSM-5による「5歳児発達健診」を毎年実施しました。その調査結果によると、ASDの5歳児は、88.5％がほかの発達障害を一つ以上もっていました※。

※：ASDの5歳児のうち、50.6％に注意欠陥多動性障害（ADHD）、63.2％に発達性協調運動症（DCD）、36.8％に知的発達症（ID）、20.7％に境界知能（BIF）がありました。

早期の診断で見分ける必要がある

　発達障害の子供には，医療機関や支援機関などの早期の支援が必要です。とくにASDの子供は，症状が出てくると，他の子供と一緒に学習することに支障が出てきます。相手の真意を理解できないなどの理由から，人と積極的にかかわることができなくなることもあります。**症状を放置して集団生活を無理につづけようとすると，不安障害や依存症などの，二次的な障害が発生してしまいます。**

　発達障害の子供を早期に支援するためには，早期の診断で，どのような発達障害をあわせもっているのかを見分ける必要があります。

（71ページの出典：Prevalence and cumulative incidence of autism spectrum disorders and the patterns of co-occurring neurodevelopmental disorders in a total population sample of 5-year-old children）

第2章 自閉症スペクトラム障害（ASD）

9 二次的な障害

ASDの症状を放置すると，不安障害や依存症などの，二次的な障害が発生してしまいます。

ASD（高い確率でほかの発達障害をあわせもつ）

早期に適切に支援 → 社会生活への影響が少なくてすむ。

症状を放置 → ASDやほかの発達障害の症状が進行する。不安障害や依存症などの，二次的な障害が発生してしまう。

10 自分のもつ特性について、よく知ることが重要!

まずは、自分のもつ特性をよく知る

2024年7月1日時点で、残念ながら自閉症スペクトラム障害（ASD）を治療するための特効薬は存在していません。しかしASDにともなう生活上の問題は、年齢とともに緩和されることが知られています。そのため、子供のころに社会生活に支障をきたしている人でも、成長する過程で、自分の特性を環境に合わせて調整できるようになる可能性があります。

まずはASDの人自身が、自分のもつ特性がどのようなものなのかを、よく知ることが重要です。

第2章 自閉症スペクトラム障害(ASD)

10 困ったときには相談する

ASDの人は,まずは自分のもつ特性がどのようなものなのかを,よく知ることが重要です。そして普段から,困ったときに誰かに相談できる環境を,整えておきましょう。

特性を理解できていないと、失敗や衝突が生まれる

　ASDの人には、その人の特性によって、さまざまな苦手なことがあるのは事実です。しかし特性そのものが、弱点なのではありません。特性が弱点になってしまうことがあるとしたら、その特性を本人やまわりの人が理解できていない場合です。

　ASDの人の特性を、本人やまわりの人が理解できていないと、失敗や衝突が生まれます。すると本人の自尊心が傷つくだけでなく、周囲との関係もうまくいかなくなってしまいます。ASDの人は普段から、困ったときに誰かに相談できる環境を、整えておくこともたいせつです。

第2章 自閉症スペクトラム障害(ASD)

memo

最強にわかる 発達障害

自閉症研究のきっかけ

1928年、イギリスの精神科医のローナ・ウィングはジリンガムで生まれた

大学で医学を学んだ後精神医学の臨床と研究にはげんだ

1965年にはロンドン大学で医学博士号を取得

当初は精神薬理学の研究をしていたものの

自閉症の娘をもったことをきっかけに自閉症に関心をもった

夫とともに「全国自閉症児協会(NSAC)」の設立にもかかわった

親のための本を出版

1981年、ウィングは「自閉症スペクトラム障害（ASD）」の概念を提唱した

このとき、英語圏ではあまり知られていなかったアスペルガーの業績を再評価した

「アスペルガー症候群」として、ASDに含まれるものと位置づけた

ウィングは自閉症の研究と療育の両面で活躍しつつ、社会に向けた啓蒙活動にも取り組んだ

親やまわりの人が自閉症への理解を深めることができるガイドブックも出版した

『自閉症児との接し方』をはじめ、多くの書籍が日本語に翻訳されている

第3章

注意欠陥多動性障害（ADHD）

発達障害のうち，注意欠陥多動性障害（ADHD）は，不注意だったり，落ち着きがなかったりする特性のある障害です。第3章では，ADHDについてみていきましょう。

1 不注意だったり、落ち着きがなかったりする

主な症状は、「注意欠如」「多動」「衝動」

注意欠陥多動性障害（ADHD）は、行動に特徴があらわれます。主な症状は、「注意欠如」「多動」「衝動」の三つです（右ページのイラスト）。ただし、これらの三つの症状は、同時にすべてあらわれるというわけではありません。「多動」が目立つ場合もありますし、「衝動」が目立つ場合もあります。また「注意欠如」が強く出る場合もありますし、すべての症状があらわれることもあります。

第3章 注意欠陥多動性障害(ADHD)

1 ADHDの3大症状

ADHDの症状は、主に三つあります。注意欠如、多動、衝動です。それぞれの症状があらわれている場面を、えがきました。

A. 注意欠如

B. 多動

C. 衝動

症状のあらわれ方の、三つのタイプ

ADHDの症状のあらわれ方は、個人で差があり、症状の程度がひとりひとりでことなります。また、成長の途中ではある症状がおさえられたり、症状が目立たなくなったりします。

このADHDの症状のあらわれ方は、主に三つのタイプに分けられます。「注意欠如優勢型」「多動・衝動性優勢型」「混合型」です。このうち、混合型のタイプが、ほとんどを占めているともいわれています。

「多動・衝動性優勢型」は、女性よりも男性に多くみられ、「注意欠如優勢型」は、男性よりも女性に多くみられるADHDの特性なのです。

第3章 注意欠陥多動性障害（ADHD）

2 注意欠如優勢型は，ぼんやりしてみえる

注意不足でトラブルをおこしてしまう

<mark>注意欠陥多動性障害（ADHD）の「注意欠如優勢型」は，ぼんやりしているようにみえるのが特性といえるかもしれません。</mark>アメリカの精神医学会が2013年に発表した診断基準「DSM-5」では，次のような行動の特性が長期的にひんぱんにつづき，特徴的な場合に，注意欠如優性型と診断しています。

まず学校や職場で，細部に注意を払えないことや不注意が原因で，トラブルをおこしてしまうことです。目の前の活動に注意を払いつづけることや課題を最後までやりとげることがむずかしく，話しかけられたときに聞いていないようにもみえます。

順序立てて物事を
整理することがむずかしい

忘れ物が多いことも，注意欠如優性型の診断基準です。学校や職場で必要な道具を忘れたり，日常生活で身のまわりの物をどこに置いたのかわからなくなったりしてしまいます。

　順序立てて物事を整理することがむずかしく，必要なものと不要なものの区別がつかないため，部屋に物があふれて，足の踏み場もないような状態になってしまうことも少なくありません。

「注意欠如優勢型」の人は，集中や注意を長い時間維持することができないから，子供の頃は，他の子供に比べると学習が遅れがちになるそうだよ。

第3章　注意欠陥多動性障害（ADHD）

2　注意欠如優勢型の人の例

ADHDの注意欠如優勢型の人は，必要なものと不要なものの区別がつかないことがあります。頭の中で優先順位がつけられないので，ごみと書類が同列に並んでいる状態の人もいます。

いるものといらないものの区別がつかないから，散らかってしまうカピ。

3 多動・衝動性優勢型は、そわそわしてみえる

貧乏ゆすりをする、席を立つ、走りまわる

DSM-5では、注意欠陥多動性障害（ADHD）の「多動・衝動性優勢型」の診断基準に、16歳までの子供では六つの症状、17歳以上の若者や成人では五つ以上の症状が、家庭や職場などの二つ以上の場所で少なくとも6か月間つづくことなどがあげられています。

その症状とは、貧乏ゆすりをする、着席していなければいけないときに席を立つ、走りまわる、じっとしていられない、静かにすごせない、順番を待てない、相手の質問が終わる前に答える、しゃべりすぎる、他人のしていることに横やりを入れる、などです。

第3章 注意欠陥多動性障害（ADHD）

3 多動・衝動性優勢型の人の例

ADHDの多動・衝動性優勢型の人のなかには，相手の反応にお構いなしに，しゃべりつづける人がいます。

本人に悪気があるわけではないのに，誤解されてしまいそうだね。

疎外感から，孤立を強めてしまう

多動・衝動性優勢型の特性は，集団生活のなかで孤立する原因になる可能性があります。疎外感から他者に対する怒りを示したり，問題を解決せずに開き直ったりすると，孤立を強めてしまいます。

また孤立が，反社会的な行動や，インターネットやアルコールなどへの依存に結びつくことがあります。疎外感を抱いて社会から孤立しないように，親の声かけやネットワークづくりが必要です。

小学生になると，一コマ45分の授業を受けますが，多動・衝動性優勢型ADHDの特性が強いと，じっと座っていることができません。このことから1時間前後の間，座っていられるかどうかをADHDの判断の目安とする精神科医もいるのです。

4 混合型は，人によって症状がことなる

注意を払えない，一方的に話しつづける

　注意欠陥多動性障害（ADHD）の「混合型」は，注意欠如優勢型と多動・衝動性優勢型の症状をあわせもつタイプです。DSM-5では，注意欠如優勢型と多動・衝動性優勢型の両方の症状が6か月間つづく場合は，混合型と診断しています。

　混合型の人は，症状が個人で大きくことなります。たとえば，細部に注意を払えない，集中がつづかない，整理整頓が苦手という注意欠如優勢型の症状と，脈絡のない行動をする，一方的に話しつづけるという多動・衝動性優勢型の症状をあわせもつ人がいます。

ASDに特有な症状が出ることもある

ADHDは，注意欠如優勢型と多動・衝動性優勢型の行動の特性が重複するだけでなく，自閉症スペクトラム障害（ASD）と症状が重複することもあります。

たとえば，注意欠如というADHDに特有な症状が出るだけでなく，決められたスケジュールに沿って行動しないと気がすまないというASDに特有な症状が出ることがあります。ADHDとASDの症状が重複する人は，それぞれの特性が弱まる場合もあります。

ASDとADHDの特性がみられる人では，ある作業に集中している間にも他の作業や好きなことにとらわれる人もいるカピ。つまり，周囲からは「こだわり」という特性が確認できない場合もあるカピ。

第3章 注意欠陥多動性障害（ADHD）

4 混合型の人の例

ADHDの混合型の人のなかには，話しかけられても聞いていないようにみえるという注意欠如優勢型の症状と，興味のある分野では急に饒舌になるという多動・衝動性優勢型の症状を，あわせもつ人がいます。

モーツァルトは,ADHDだったかも

偉人の中には,発達障害をもっていたとみられる人が少なくありません。**オーストリアの天才音楽家のヴォルフガング・アマデウス・モーツァルト(1756〜1791)も,注意欠陥多動性障害(ADHD)だったといわれています。**

モーツァルトは6歳のころから,音楽家の父親とともに,ウィーンやパリ,ロンドン,イタリアなどへ,演奏旅行に出かけました。**そして出かける先々で驚異的な才能を見せたことから,モーツァルトの名前は国際的に知れ渡り,「音楽の神童」とよばれました。**

一方でモーツァルトは,音楽のレッスン中に急に飛び上がって机を飛びこえたり,ネコの鳴きまねをしてとんぼ返りをしたりする,落ち着きのない

子供だったようです。成長してからは，賭博で散財して，借金を重ねました。こうしたことから，モーツァルトはADHDだったのではないかと考えられています。

5 脳の快や不快を感じる回路と関係があるかも

報酬系のしくみと関わっている

注意欠陥多動性障害（ADHD）の症状があらわれる原因は，主に二つあると考えられています。

一つは「実行機能の破たん」です。実行機能の破たんは，注意を持続できない，意図したことを計画的に行えない，状況が変化しても柔軟に対応できないという原因になると考えられています。

もう一つは，「報酬への反応」です。報酬への反応に問題があると，報酬の遅れなどに耐えられずに衝動的にほかのもので気をまぎらわせるため，多動や不注意の原因になると考えられています。

第3章 注意欠陥多動性障害（ADHD）

5 A9回路とA10回路

脳の報酬系の回路である，A9回路とA10回路をえがきました。A9回路は，身体運動や行動の調整にかかわる回路です。A10回路は，行動実行の判断や決断にかかわる回路です。

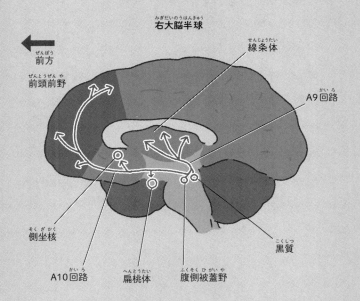

報酬系の回路には，線条体に信号を送るA9回路と，前頭前野に信号を送るA10回路があるのです。

ドーパミンがうまく作用しない

　近年の脳科学の研究で，二つの原因は，脳の「報酬系」という回路と関係があることがわかってきています。報酬系とは，報酬に対する快や不快の反応を生みだす回路のことです。

　報酬系では，「ドーパミン」という神経伝達物質が，情動や行動を制御しています。神経伝達物質とは，神経細胞どうしの接続部分である「シナプス」で，信号を伝える物質です。報酬系の回路で，ドーパミンがうまく作用しないことが，ADHDの症状につながっているのではないかという研究が報告されています。

ドーパミンは，A9回路とA10回路の二つの回路に作用するカピ。

6 脳の大脳基底核の体積が、通常よりも小さい

多動や衝動性の抑制に、支障が出やすい

　脳には、無数の神経細胞があります。脳の中で、神経細胞の本体である「細胞体」がとくに集まっている場所は、「核」とよばれます。大脳の深部には、「大脳基底核」という核があります。**大脳基底核は、運動の調整や、意思の決定、記憶、物事の遂行、意欲や情動の調節などにかかわります。**このため、大脳基底核に問題があると、多動や衝動性を抑制するはたらきに支障が出やすくなります。注意欠陥多動性障害（ADHD）の子供の脳は、普通の子供の脳とくらべて、大脳基底核の体積が小さいことがわかっています。

ドーパミンのはたらきが弱くなる

　脳の報酬系は，神経伝達物質のドーパミンを使って，大脳基底核に信号を伝えます。そのため大脳基底核には，ドーパミンを受け取る受容体が，たくさん分布しています。ところがADHDの人の脳は，大脳基底核の体積が小さく，ドーパミンの受容体の数も多くありません。その結果，ドーパミンのはたらきが弱くなり，信号が伝わりづらくなっています。

　このことが，ADHDの症状に影響を与えているのではないかと考えられています。

(出典：Qiu, A. et al.: Am J psychiatry, 166(1): 74-82, 2009)

ドーパミン受容体が一番多く分布しているのが，大脳基底核なんだって。

第3章 注意欠陥多動性障害（ADHD）

6 大脳基底核

大脳基底核をえがきました。大脳基底核は，線条体（被殻と尾状核），淡蒼球，黒質，視床下核などからなります。イラストには，黒質と視床下核は，えがかれていません。

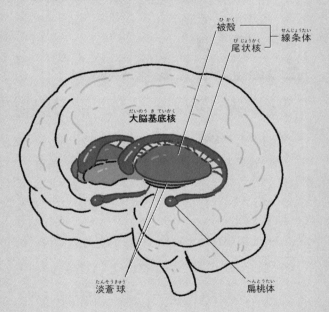

ADHDの子供の脳は，大脳基底核の体積が小さく，ドーパミンの受容体の数も多くありません。

7 脳で信号を伝える物質が, うまくはたらかない

ドーパミンは, 二つの受容体に結合する

大脳基底核に信号を伝えるのは, 神経伝達物質のドーパミンです。

大脳基底核にあるドーパミンの量が減ると, パーキンソン病にみられるような, 重い運動障害が生じることが知られています。ドーパミンは, 大脳基底核の主に線条体(被殻と尾状核)の神経細胞がもつ, 「D1受容体」と「D2受容体」という二つの受容体に結合することで作用します。

第 3 章 注意欠陥多動性障害（ADHD）

7 ADHDの人の受容体

ADHDの人の脳の，ドーパミンの受容体をえがきました。神経細胞Aから分泌されたドーパミンが，神経細胞BのD1受容体とD2受容体に結合すると，信号が伝わります。しかしADHDの人の脳では，D1受容体とD2受容体の両方で，ドーパミンと結合する能力が低下しています。

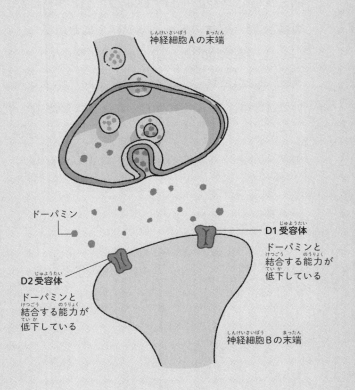

神経細胞Aの末端

ドーパミン

D1受容体
ドーパミンと結合する能力が低下している

D2受容体
ドーパミンと結合する能力が低下している

神経細胞Bの末端

103

受容体の結合する能力の低下が，症状に影響

　注意欠陥多動性障害（ADHD）の人の脳では，D1受容体とD2受容体の両方で，ドーパミンと結合する能力が低下していることがわかっています。D2受容体のドーパミン結合能が低下していることは，2009年に明らかにされていました。一方，D1受容体のドーパミン結合能が低下していることは，2020年に明らかにされました。

　このことから，D1受容体とD2受容体の両方のドーパミン結合能の低下が，ADHDの症状に影響をあたえているのではないかと考えられています。

（出典：Chiken, S. et al.: Cerebral Cortex, 25, Issue12 : 4885-4897, 2015）
（出典：Yokokura et al.: Molecular Psychiatry, 2020）
（出典：Volkow, N. D. et al.: JAMA, 302(10) : 1084-1091, 2009）

第3章 注意欠陥多動性障害（ADHD）

8 作業に必要な，一時的な記憶のはたらきが弱い

ワーキングメモリは，「前頭連合野」がになう

脳には，「ワーキングメモリ（作業記憶）」という機能があります。ワーキングメモリとは，ある情報をもとに行動の計画を立てたり，作業をこなすための情報の取捨選択をしたりするときにはたらく，一時的な記憶です。ワーキングメモリは，大脳の「前頭連合野」という領域がになっていると考えられています。

> ワーキングメモリは，決められた情報容量のなかで情報の処理と保持を行っています。たとえば物忘れは，必要のない情報を過度に取りこんでしまったり，取りこんだ情報を適切に処理できなかったりすることから，起こるとされているのです。

報酬系がうまく対応できない問題もある

　注意欠陥多動性障害（ADHD）の人のなかには，前頭連合野の機能が低下している人が少なくありません。ADHDの人の脳は，前頭連合野の体積が，普通の人よりも小さい傾向があるからです。

　前頭連合野は，脳全体にワーキングメモリを伝達して，行動や情動の調整を行っています。ところがADHDの人の脳は，ワーキングメモリに，報酬系がうまく対応できない問題もあります。前頭連合野や報酬系の機能の低下が，ADHDのさまざまな症状を引きおこしていると考えられています。

第3章 注意欠陥多動性障害（ADHD）

8 前頭連合野

前頭連合野の位置をえがきました。イラストは，脳を左側から見たところです。前頭連合野は，大脳のおよそ3割を占めます。

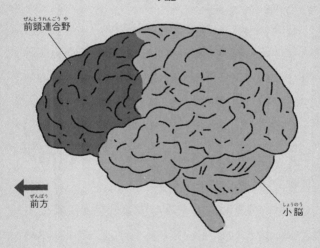

大脳

前頭連合野

前方

小脳

前頭連合野は，おでこ側にあるカピ。

9 依存症を併発する人が、少なくない

自己肯定感や自尊心が、低くなりやすい

これまでみてきたように、注意欠陥多動性障害(ADHD)の人の脳は、脳の報酬系などの機能が低下しています。報酬系は、自己肯定感や自尊心を生む脳の領域でもあります。**そのため報酬系の機能が低下すると、自己肯定感や自尊心が低くなる傾向があります。**

自己評価が低いまま学校や会社などで集団生活をつづけると、社会不適応感から、不安や不満がふえます。そして、不安や不満をまぎらわせるために、アルコールやギャンブルなどにたより、「依存症」を併発する人が少なくありません。

9 物質依存症

物質依存症は,アルコールや薬物などの摂取をくりかえすことで,やめたくてもやめられない状態におちいる依存症状です。それまでと同じ量や回数では満足できなくなり,量や回数がふえて,自分でコントロールできなくなってしまいます。

約15.2％が，何らかの物質依存症だった

2006年にアメリカで行われた「成人のADHDの頻度と相関関係」の調査では，ADHDの人の約15.2％が，何らかの物質依存症でした。たとえば，アルコール依存症や薬物依存症などです。

アルコールや薬物は，摂取すると一時的に自己肯定感が高まります。しかしアルコールや薬物が切れると不安になるので，また摂取することになります。そのくりかえしが，依存状態をつくるのです。

（出典：Kessler et al.: American Journal of Psychiatry, 164 : 716-723, 2006）

ADHDの行動特性が出ている人の中には，不安障害を抱いている人もいます。こうした不安障害が，何かに頼りたいという気持ちを起こさせて，依存症を併発させているのかもしれないのです。

10 脳の信号の伝達を, 改善する薬がある

神経伝達物質が, 回収されすぎてしまう

注意欠陥多動性障害（ADHD）には, 脳の信号の伝達を改善する治療薬があります。

神経細胞から分泌された神経伝達物質は, 別の神経細胞の受容体に結合することで, 信号を伝えます。このとき, 受容体と結合しなかった神経伝達物質は, 元の神経細胞の「再取りこみ口」から回収されて, 再利用されます。ところがADHDの人の脳では, 神経伝達物質が, 回収されすぎてしまうことがわかっています。そのため, 神経伝達物質が減り, 信号が伝わりづらくなると考えられています。

神経伝達物質が回収されるのを,さまたげる

　そこで開発されたのが,神経伝達物質が回収されすぎるのを防ぐ,ADHDの治療薬です。治療薬は,元の神経細胞の再取りこみ口に結合して,神経伝達物質が回収されるのをさまたげます。

　ADHDの治療薬は,一定の効果が認められているものの,完全に治療できるものではありません。現在のADHDの治療の目標は,ほかの発達障害と同じように,行動の特性と折り合いをつけて生活することにあります。治療薬は,その補助として使われています。

完全に治療することはできないけど,症状を改善することができるんだね。

第3章 注意欠陥多動性障害（ADHD）

10 ADHDの治療薬のはたらき

ADHDの治療薬のはたらきをえがきました。神経細胞Aの再取りこみ口に結合して，分泌された神経伝達物質が回収されるのをさまたげます。

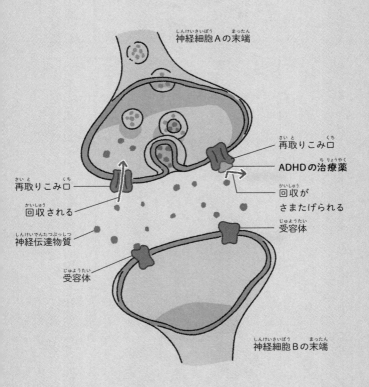

最強にわかる 発達障害

ADHDの概念のはじまり

「攻撃的で、反抗的」「落ち着きがない」「注意を保てない」こうした43例の子供の症例報告が1902年にあった

発表したのはロンドンの小児病院に勤務していた小児科医ジョージ・スティル（1868〜1941年）

発表論文は医学雑誌『ランセット』にも掲載された

スティルの論文以降多動などの症例が医学的な注目を集め研究が進められていった

114

英国の小児科の父

スティルは1868年にロンドンで生まれた

1893年に医科大学を卒業

1897年には小児の慢性関節疾患の症例を報告

イギリスなどでは「スティル病」とよばれた

スティルはイギリスで小児科学研究の先駆者だった

英国小児科協会の初代会長をつとめ「英国の小児科の父」ともよばれた

memo

第4章

学習障害（LD）

発達障害のうち，学習障害（LD）は，知能の遅れはないものの，「読む」「書く」「計算する」などの学習が苦手な特性をもつ障害です。第4章では，LDについてみていきましょう。

1 読み書きや算数などを, 学習することがむずかしい

主に三つのタイプに分けられる

　学習障害(LD)は,「読む」「書く」「聞く」「話す」「推論する」「計算する」などの基本的な学習のうち, 一部の学習だけが劣っているという特徴があります。そしてどのような学習が苦手かによって, LDは主に三つのタイプに分けられます。文字を読むことが苦手な「読字障害」, 文字を書くことが苦手な「書字障害」, 計算することが苦手な「算数障害」です。

2012年の文部科学省の全国調査では, 学習面にいちじるしい困難をあらわす児童や生徒は, 4.5％存在するということがあきらかにされているカピ。

第4章　学習障害(LD)

1 LDの三つのタイプ

LDの，主な三つのタイプをえがきました(A〜C)。読字障害は読むことが苦手，書字障害は書くことが苦手，算数障害は計算することが苦手です。

A. 読字障害

B. 書字障害

C. 算数障害

小学校で，授業についていくのが困難になる

LDがどのようなしくみで発症するのかは，まだわかっていません。ただLDの原因は，けっして本人の勉強不足や努力不足ではありません。脳の発達のしかたが普通の人と少しことなることで，得意なことと不得意なことにかたよりが生じ，その不得意なことがLDとなってあらわれると考えられています。

　LDの子供は，幼児のときは日常生活にそれほど支障がなくても，小学校に入学すると，読んだり書いたり計算したりという学習が苦手なために，授業についていくのがむずかしくなります。早期発見と早期支援がたいせつです。

(出典：Galaburda, A. M. et al.: Annals of Neurology, 18 : 222–233, 1985)

2 読みが苦手な人は，書きも苦手なことが多い

読み飛ばしたり，適当に変えて読んだり

　学習障害（LD）の中で最も多くみられるのは，読字障害です。 読字障害の子供には，「形の似た『わ』と『ね』などを読みまちがう」「途中でどこを読んでいたかわからなくなる」「読み飛ばしたり文末を適当に変えて読んだりする」などの特徴があります。

　一方書字障害の子供には，「文字が正しく書けない」「文字を書き写せない」「『は』を『わ』と書きまちがう」「形の似た『め』と『ぬ』を書きまちがう」「左右が反転した鏡文字を書く」「文字の形や大きさがバラバラになる」などの特徴があります。

単語や文章を,正しい音に変換できない

読み書きの障害の主な原因は,「音韻認識」の能力の低さです。音韻認識とは,音の構造を認識することです。

音韻認識の能力が低いと,まずひらがなの読み書きにつまずき,「れいぞうこ」と「でーぞーこ」などの似た音の区別ができません。また,単語や文章を見たときに,それが頭の中で正しい音に変換されないため,正しい読み方がわかりません。さらに,聞いた単語や文章が頭の中で文字列に正しく変換されないため,書きまちがいがおきます。

ただし,このような読み書きの障害があっても,頭の中では言葉とその意味はつながっていて,「言葉」の理解ができないわけではないのです。

第4章 学習障害（LD）

2 読み書きの障害

読むことが苦手だと，結果的に書くことも苦手なことが多いです。ひらがなの読み書きが苦手だと，漢字の読み書きにも苦労する傾向があるため，早い段階での支援が必要です。

3 算数の障害を判断する，四つの基準がある

数概念は，数の量的な概念と数の順序

算数障害は，「数処理」「数概念」「計算」「数的推論」の，四つの基準をもとに判断されます。

数処理の基準は，数詞，数字，具体物の対応関係を理解できるかどうかです。数概念の基準とは，数の量的な概念と数の順序を理解できるかどうかです。

計算の基準は，暗算で和が20までの数のたし算ひき算や九九の範囲のかけ算わり算を考えこまずにできるかどうか，筆算で数字をきちんと配置することやくり上がりやくり下がりをできるかどうかです。数的推論の基準は，文章問題を解けるかどうかです。

第4章 学習障害（LD）

3 算数障害の四つの基準

算数障害かどうかを判断するときに使われる、四つの基準をえがきました（A～D）。

A. 数処理

りんご4個持ってきて

B. 数概念

前から3番目

C. 計算

9+5=…

D. 数的推論

Aさんは…

基本的な算数の一部ができない子供が，算数障害

　算数障害の四つの基準は，すべてできなかった子供を算数障害と判断するわけではありません。数の順番はわかるけれど量としての数がイメージできない，あるいは，暗算はできるけれど筆算はできないなど，基本的な算数の一部ができない子供を，算数障害と判断します。

　よくみられるのは，計算が手つづき的にできない子供と，計算はできても数字が示す量感がわからない子供だといいます。

「計算が手つづき的にできない」場合，「右辺を左辺に移動し，マイナスの解を得る」といった計算ができず，「数字が示す量感がわからない」場合は，たとえば，0，10，20の目盛りがあったときに，「目盛りがない10と20の真ん中は15を表す」ということが理解できないのです。

4 読みと書きでは,脳の情報伝達のルートがちがう

読む場合は,まず文字を見てから音声にする

　学習障害(LD)がおきる原因は,どこにあるのでしょうか。LDがおきる原因を,読字障害と書字障害を例に紹介します。

　読む場合と書く場合では,情報伝達と情報処理のルートがことなります。読む場合は,まず文字を見てから音声にします。つまり目から入力された視覚情報が,脳内で音声情報へと変換されて,その後に口から音声として出力されます。

書く場合は,三つのルートがある

　書く場合は,「文字を聞いて書く」「文字を書き写す」「作文などを書く」の三つのルートがあります。

　「聞いて書く」では,耳から入力された聴覚情報が脳内で視覚情報へ変換され,その視覚情報が運動情報へ変換されて,書く運動として出力されます。「書き写す」では,目から入力された視覚情報が脳内で運動情報へ変換されて,書く運動として出力されます。「作文などを書く」では,考えたことが運動情報へ変換されて,書く運動として出力されます。

　LDの子供は,このような情報伝達と情報処理のルートのうち,脳内のどこかの過程で問題が発生し,その結果,特定の分野の学習が困難になると考えられています。

第4章　学習障害（LD）

4 読みと書きのルート

読む場合（A）と書く場合（B）の、情報伝達と情報処理のルートをえがきました。

A. 読む場合

視覚でとらえた文字の情報が、脳内で音声の情報に変換され、最終的に声を発する指令が出されます。

B. 書く場合

目で見たり、耳で聞いたり、頭で考えたりした情報が脳内で処理され、書く運動として出力されます。

5 読み書きの苦手は, 神経細胞の配置が原因かも

普通の人の脳とは, ことなる活動をする

　読み書きの障害がある人の脳は,「音韻処理」をするときに, 脳の側頭後頭領域の活動が低下することが知られています。音韻処理とは, 音の構造を認識して処理することです。

　さらに2013年には, 読み書きの障害がある日本人の子供の脳は, 音韻処理をするときに, 脳の二つの場所で普通の人の脳とはことなる活動をすることが明らかにされました。

5 神経細胞

神経細胞の構造をえがきました。イラストでは，神経細胞Aと神経細胞Bがつながっていて，神経細胞Aの出す信号が神経細胞Bに伝わります。神経細胞どうしのつなぎ目は，「シナプス」といいます。

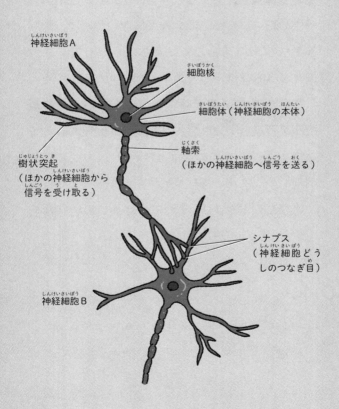

神経細胞A
細胞核
細胞体（神経細胞の本体）
軸索（ほかの神経細胞へ信号を送る）
樹状突起（ほかの神経細胞から信号を受け取る）
シナプス（神経細胞どうしのつなぎ目）
神経細胞B

無秩序に堆積したり，異常な形をしたりしていた

ことなる活動がみつかったのは，大脳基底核と左側頭葉です。読み書きの障害がある日本人の子供の脳は，音韻処理の程度にかかわらず，大脳基底核が常に活動していました。一方で，左側頭葉の活動は低下していました。

左側頭葉の活動が低下していた理由は，神経細胞の配置が原因なのではないかと考えられています。読み書きの障害がある大人の脳を検死解剖したところ，左側頭葉の神経細胞が無秩序に堆積したり，異常な形をしたりしていたためです。

(出典：Kita, Y. et al.: Brain, 136(Pt 12)：3696-3708, 2013)
(出典：Galaburda, A. M. et al.: Annals of Neurology, 18：222-233, 1985)

第4章 学習障害（LD）

memo

M:I って何ですか？

博士,「ミッション：インポッシブル(M:I)」って何ですか？

ミッション・インポッシブルは，アメリカの俳優のトム・クルーズ(1962〜)が主演する，スパイ映画じゃ。1996年に第1作がつくられてから27年，これまでに6作品がつくられておる。いまも続編を撮影しておるぞ。

すごい！

うむ。しかもトム・クルーズは，自分が学習障害であり，かつて文字を読むことが困難だったことを公表しておる。つまり昔は，台本を読めなかったんじゃ。

ええっ。じゃあ，どうしたんですか？

台本を録音してもらって,セリフを覚えたそうじゃよ。そしていまでは,学習障害をも克服したらしい！

トム・クルーズ,すごすぎる…!!

6 長所を使った教え方をすることが重要！

長所を使いながら，短所をカバーする

学習障害（LD）などの発達障害の子供は，長所（得意）と短所（不得意）が極端にあらわれる傾向があります。

長所と短所に対する指導方法は，大きく分けて，「短所改善型指導」と「長所活用型指導」の二つがあります。短所改善型指導は，できないことをくりかえし訓練する指導方法です。一方，長所活用型指導は，長所を使いながら短所をカバーする指導方法です。LDの子供には，長所活用型指導が有効です。

順を追って処理するか，全体的に処理するか

LDの子供には，「継次処理」が得意な子供と，「同時処理」が得意な子供がいます。継次処理は，一つずつ順を追って情報を処理することです。一方，同時処理は，複数の情報をその関連性に着目して全体的に処理することです。

継次処理が得意な子供には，「段階的な教え方」「順序性の重視」「部分から全体へ」などのアプローチが効果的です。同時処理が強い子供には，「全体をふまえた教え方」「関連性の重視」「全体から部分へ」などのアプローチが効果的です。子供の不得意なことに，得意な能力を使うことが重要なのです。

6 同時処理が得意な子供の場合

同時処理が得意な子供に，20までの数を教える方法をえがきました（課題1〜3）。

課題1. すごろくのシートをつくる

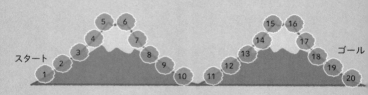

すごろくの丸の中に数字を書かせながら，
「イチ，ニ，サン，……，ニジュウ」と唱えさせます。

課題2. すごろくゲームをする

すごろくをします。10や20など，ひと山こえたら
チップをあたえます。
ゴールしたら，またごほうびをあたえます。

第4章 学習障害（LD）

LDでは，できることをほめて伸ばすのがいいカピ。

課題3. 数列の構造に気づく

すごろくを見せて，それぞれの山の数字がどうちがうか，見たことを発表させます。「一つ目の山と二つ目の山の数字はどうちがいますか」と問いかけ，2桁目の数字に気づかせます。

例）「5と6は高いところにあります。
　　15と16も高いところにあります」。

数字のカードを見せ，すごろくの中でどこにあるかを当てさせ，数列の構造と数の意味を対応づけさせます。

例）「1と11はどこですか？」→「下にあります。山の入り口にあります」。「2と12はどこですか？」→「2番目にあります。1のとなりと11のとなりにあります」。「5と15はどこですか？」→「上にあります。てっぺんにあります」。

『小学校個別指導用 長所活用型指導で子どもが変わる Part2』（図書文化社）を参考に作成。

7 生活の中で数を使った経験をすることも大事

ドリル形式の学習をさせても、解決しない

算数という教科は「できるか,できないか」が問われ,できなければ「バツ」と評価されます。しかし算数障害の子供に,計算問題を通常のやり方でくりかえし解くようなドリル形式の学習をさせても,問題は解決しません。学習障害(LD)の子供は,「おまえはこんなこともできないのか」といわれているように感じてしまい,自尊心が傷ついてしまいます。子供が楽しく興味をもって課題に取り組めるように,工夫することがたいせつです。

第4章 学習障害（LD）

7 数を意識した体験

算数では，生活の中で数を使った経験をすることも大事です。喜びや悲しみといった情動に結びつけて経験することが，数と量の感覚を育てることに重要です。

アメを2個もらった。

アメを5個もらった！

数や量は，「うれしい」とか「つらい」とかの気持ちと結びつけて経験することが，大事なんだね。

気持ちと結びつけて体験することが大事

算数では,生活の中で数を使った経験をすることも大事です。「アメを2個もらうより,5個もらうほうがうれしかった」「友だちはカブトムシを3匹つかまえたのに,僕は1匹しかつかまえられなくてくやしかった」など,喜びや悲しみなどの情動に結びつけて経験することが,数と量の感覚を育てることに重要となります。

お風呂で,お湯につかって50まで数えるといった体験もたいせつです。10まで数えたときよりも30まで数えたときのほうが体がポカポカする,50まで数えたら熱くなってお風呂から出たくなったというように,気持ちと結びつけて体験することが大事です。

第4章 学習障害（LD）

8 LDとADHDには,密接な関係がある

ADHDだと,読み書きや計算の力は低下する

学習障害（LD）と注意欠陥多動性障害（ADHD）は,ともに児童期に症状があらわれるという点で共通しています。このためLDとADHDは,密接な関係にあります。

まずLDとADHDは,症状が似ている部分があるため,LDなのかADHDなのか診断がむずかしいことがあります。また,LDとADHDの両方をあわせもつこともあります。ADHDによる不注意の症状があれば,学習でも不注意によるまちがいが多くなり,読み書きや計算の力は低下します。

LDとADHDを
あわせもつ子供は，1.5％

2012年の文部科学省の調査によると，発達障害の可能性のある小中学生の割合は，6.5％でした。

発達障害のうち，LDの可能性のある小中学生の割合は4.5％，ADHDの可能性のある小中学生の割合は3.1％，自閉症スペクトラム障害（ASD）の可能性のある小中学生の割合は1.1％でした。また，LDとADHDをあわせもつ可能性のある小中学生の割合は，1.5％でした（右ページのグラフ）。

保護者が「もしかしたら，うちの子はLDかもしれない」と思った場合は，まず学級担任や「特別支援教育コーディネーター」に指名されている教員に相談し，子供の学校や家でのようすについてよく話し合うことが重要です。

第4章 学習障害(LD)

8 LD, ADHD, ASD の関連

2012年に,文部科学省が小中学校の教師を対象に行った全国調査の結果をあらわしました。LDの可能性のある小中学生(4.5%)のうち,約3人に1人が,ADHDをあわせもつ可能性があることがわかりました(1.5%)。

(出典:通常の学級に在籍する発達障害の可能性のある特別な教育的支援を必要とする児童生徒に関する調査,文部科学省,2012)

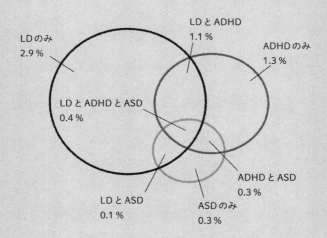

注:「学習面にいちじるしい困難を示す子供」を学習障害(LD),「不注意または多動性・衝動性の問題をいちじるしく示す子供」を注意欠陥多動性障害(ADHD),「対人関係やこだわりなどの問題をいちじるしく示す子供」を自閉症スペクトラム障害(ASD)としました。

注:教師を対象に行う調査では,子供を対象に行う調査にくらべて,学習障害(LD)が見つかりにくいといわれています。子供を対象に調査を行うと,LDの読字障害だけで,20%の子供に見つかるという研究結果があります。

memo

第5章

発達障害の人の対応法

ここまで、主な発達障害である、自閉症スペクトラム障害（ASD）、注意欠陥多動性障害（ADHD）、学習障害（LD）についてみてきました。第5章では、発達障害の人の対応法について紹介します。

1 まずは、自分の特性をよく知ろう

自分の特性は、どのような濃淡で出ているのか

　発達障害は特性によって、自閉症スペクトラム障害(ASD)や注意欠陥多動性障害(ADHD)、学習障害(LD)の三つにわけられます。しかし発達障害の人の多くは、特性が重複した混合型であり、症状は人それぞれちがいます。

　特性が重複している人でも、生活に支障が出ない範囲であれば、自分の特性と折り合いをつけることができます。そのためには、自分の特性がどのような濃淡で出ているのかを、知ることがたいせつです。

(出典:『発達障害 生きづらさを抱える 少数派の「種族」たち』、著/本田秀夫、SBクリエイティブ、2018)

第5章 発達障害の人の対応法

1 特性を自己チェック

自分の特性について、考えている人をえがきました。自分の特性がどのような濃淡で出ているのかを、知ることがたいせつです。

自分の特性を、自分でリストアップしてみるといいね。

発達障害の特性の重複や強弱をとらえる

　自分の特性やその濃淡は、どのように調べればいいのでしょうか。すでに日常生活や仕事に何らかの支障が出ているならば、専門外来で診断してもらうことが考えられます。一方、発達障害の特性の重複や強弱を、簡単にとらえられるグラフを使う方法もあります。

　縦軸をASDの特性の強さ、横軸をADHDの特性の強さとし、それぞれの強さを10段階であらわします。強さが5をこえると、発達障害の診断が出やすくなると考えます。

　こうしたグラフを使うと、ASDとADHDの特性の重複や強弱をとらえやすくなります。

2 発達障害の人の対応法は，大きく分けて三つある

第一の対応法は，生活面の「環境の調整」

発達障害の人の対応法は，大きく分けて三つあります。

第一の対応法は，生活面の「環境の調整」です。

環境の調整は，主に二つの方向で進めます。一つは，自分の特性を理解して，処世術を身につけていくという方向です。もう一つは，自分の特性をまわりの人に理解してもらい，まわりの人といっしょに環境を整えていくという方向です。

第二の対応法は，「療育」や「福祉サービス」

　発達障害の特性が強く出ていて，生活に支障をきたしている場合や，不安障害やうつ病などの二次的な障害が出ている場合は，環境の調整だけで状況を改善することは困難です。
　第二の対応法は，医療や教育的な立場から子供の発達をうながす「療育」や「福祉サービス」などの，専門的な支援を受けることです。そして第三の対応法は，「医学的な治療」です。専門家への相談や福祉サービスの利用，カウンセリングや薬物療法などの医学的な治療を，必要に応じて取り入れる必要があります。

190ページで相談できる機関を紹介しているカピ。

第5章 発達障害の人の対応法

2 発達障害の人の三つの対応法

発達障害の人の三つの対応法をえがきました。三つの対応法とは，環境の調整（A），療育や福祉サービス（B），医学的治療（C）です。

A. 環境の調整

- 処世術を身につけていく方向で進める
  （自分の能力を底上げする）
  （特性があらわれない手段を考える）
- 特性をまわりの人に理解してもらい，まわりの人といっしょに環境を整えていく方向で進める

B. 療育や福祉サービス

C. 医学的な治療

157

3 自分の特性を理解して、処世術を身につける

訓練をして、自分の能力を底上げする

　ここからは、発達障害の人の三つの対応法のうち、第一の対応法である、生活面の環境の調整について紹介します。まず、環境の調整のうち、処世術を身につけていくという方向についてです。

　<mark>処世術の一つは、自分の能力を底上げすることです。</mark>発達の特性は、自分の能力が、平らではない状態であらわれることが少なくありません。たとえば、対人コミュニケーションに特性があるのであれば、コミュニケーションの教室で話し方や接し方を学んだり、書籍で知識をつけたりします※。

※：自分の能力を底上げする具体的な方法は、166 〜 186ページで紹介します。

第5章 発達障害の人の対応法

3 得意なことを生かす仕事選び

研究開発の仕事についた,自閉症スペクトラム障害(ASD)の人をえがきました。この人は,コミュニケーションが苦手な一方で,規則的な行動や反復的な行動を得意としていました。得意なことを生かす場所を探すことも,たいせつです。

苦手なことができるだけ少なくてすみ,得意なことを生かせる環境だと理想的です。

特性があらわれない
手段を考える

しかし補う必要のある能力の背景に，発達の特性が大きくかかわっている場合は，自分の能力を底上げすることがむずかしいかもしれません。そういう場合の処世術は，何らかのかたちで，特性があらわれない手段を考えることです。

たとえば，対人コミュニケーションに特性があるのであれば，電話対応や窓口対応などのコミュニケーションが頻繁にくりかえされる仕事ではなく，コミュニケーションが少なくてすむ仕事を選ぶことを考えます。

自分の特性を個性と考えて，自分を生かす場所を探すことも環境を調整する一つの方法なんだね。

第5章 発達障害の人の対応法

4 自分の特性を,まわりの人に理解してもらう

苦手なことを,助けてくれるようになった

次に,環境の調整のうち,自分の特性をまわりの人に理解してもらい,まわりの人といっしょに環境を整えていくという方向についてです。**多くの人に協力してもらうことで,自分の能力を補うための選択肢をふやすことができます。**

たとえば,注意欠陥多動性障害(ADHD)の症状がみられるある女性は,仕事の予定を忘れたり,書類を置き忘れたりすることがよくあります。しかし,まわりの人が困っている状況をいち早く察知し,声をかけ,手助けするなどした結果,最近では気配り名人としての評価が高くなっています。そして評価が高まると同時に,この女性が苦手なことを,まわりの人が助けてくれ

161

るようになりました。

苦手なことを，減らすことに成功した

　一方，学習障害（LD）の症状がみられるある男性は，書くことが苦手です。会議では書くことで精一杯になり，内容を忘れてしまうことがありました。そこで，ボイスレコーダーを導入したところ，苦手な書くことを減らすことに成功しました。最近では，会議の録音係としての新たな役割を得て，楽しんで仕事ができているようです。

苦手なことでも工夫次第で，周囲の理解を得られやすくなることがあるのです。

第 5 章 発達障害の人の対応法

4 得意なことでアシスト

自分の特性をまわりの人に理解してもらうのは，簡単なことではありません。自分の得意なことでまわりの人を助けると，自分の苦手なことでまわりの人が助けてくれるかもしれません。

もちつもたれつの関係ができるといいカピ。

世界自閉症啓発デー

毎年4月2日は、国連の定めた「世界自閉症啓発デー」です。世界自閉症啓発デーは、人々に広く自閉症を理解してもらう日として、2007年の国連総会で決議されました。

日本は、世界自閉症啓発デーにあわせて、4月2日～8日を「発達障害啓発週間」に定めています。まず4月2日に、東京タワーをはじめとする全国の有名建造物が、自閉症のシンボルカラーであるブルーに、いっせいにライトアップされます。そして期間中、各地でシンポジウムや講演会、発達障害の人がつくった芸術作品の展示会などが開催されます。

日本では2005年に、「発達障害者支援法」が施行されました。発達障害の早期発見や、発達障害

の人の支援を進めるための法律です。2016年には法改正が行われ,「共生する社会の実現に資する」という理念が加わりました。理念の実現には,国民ひとりひとりの発達障害への理解が,ますます重要となるでしょう。

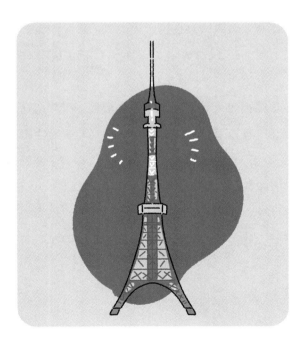

5 細かく締め切りを設定して，時間を可視化！

時間感覚を把握することに，困難を覚える

　発達障害の人の処世術の一つは，自分の能力を底上げすることです。ここからは，その具体的な方法を紹介していきましょう。

　発達障害の人が苦手とするものの一つに，スケジュール管理があります。注意欠陥多動性障害（ADHD）の特性をもつ人のなかには，時間感覚を把握することに困難を覚える人がいるといいます。締め切り日までの時間がどのくらいあるのか実感できず，計画的に作業を進めるのがむずかしいという人もいます。

第5章 発達障害の人の対応法

5 スマホやタブレットを活用

スケジュール管理の問題を解決するために,デジタル機器が役立ちます。スマホやタブレットのアラーム機能やタスク管理機能は,時間や工程の可視化につながります。便利なアプリが,いろいろと開発されています。

業務ごとに締め切りを設定しておけば,計画的に進められるね。

カウントダウン方式を導入する

問題を解決するには，実体のない時間を，実感しやすくする必要があります。それが，時間の可視化です。

たとえば，締め切りまでのカウントダウン方式を導入する方法があります。やらなければいけないことごとに，締め切りまでの期間を「あと5日」「あと1時間」などと表示します。このときに注意しなければいけないのが，業務ごとに締め切りを設定するということです。業務ごとに締め切りを設定することで，多動や衝動性の傾向があらわれても，目の前の仕事に集中することができます。

多動・衝動性の傾向が強い人は，作業中にふと思いついたことに手を出してしまい，締め切りに間に合わずに作業が中途半端になってしまうということがあります。

第5章　発達障害の人の対応法

6 目や耳に入る情報を減らして,集中力アップ！

すべての音が,大きく聞こえてしまう

2023年2月に発表された国立障害者リハビリテーションセンターの調査結果によると, 発達障害の人が最もつらいと感じている感覚は聴覚で, ほかは視覚, 触覚, 嗅覚でした。

発達障害の人の中には, 音の大小や遠近にかかわらず, すべての音が大きく聞こえてしまう人がいます。また, BGMとして流れている音や周りの人の声など, 自分に関係のない音まですべて頭に入ってきてしまう人もいます。

こうした聴覚過敏の人は, 集中力が低下して, 学業や仕事に支障をきたすことがあります。

(出典：国立障害者リハビリテーションセンター「発達障害のある人の感覚の問題の実態が明らかに」)

視界に入るすべての情報が，頭に入ってくる

聴覚過敏の人の中には，ノイズキャンセル機能つきのイヤホンで対応している人もいます。しかし，触覚過敏がある場合は，イヤホンをつけつづけることができません。聞き取りづらいことをまわりの人に伝えたり，静かな環境で会話したりすることが必要です。

一方，視覚過敏の人は，視界に入るすべての情報が頭に入ってきてしまいます。物が多いところにいると，集中力を使いすぎてつらくなります。机の上のものを整理して，視界に入るものを減らすことが有効です。パソコンの画面の明るさを減らす遮光グラスや遮光シートなどを利用することも考えられます。

第 5 章　発達障害の人の対応法

6 防音アイテム

聴覚過敏の人の役に立つアイテムに，イヤーマフや耳栓があります。イヤーマフは，耳全体をおおって大きな音をやわらげる防音具です。耳栓は，耳の穴をふさいで音を遮断する防音具です。作業の内容や音の種類によって，使い分けるとよいでしょう。

イヤーマフなどの防音具を使うと，音で気が散るのを防げるカピ。

7 まわりの人と相談して、事前に優先順位を決めておく

目についたものから、次々と手をつけてしまう

自閉症スペクトラム障害（ASD）の特性をもつ人は、自分が決めた行動パターンにこだわりすぎてしまいます。そのため、仕事全体を客観的に見て、仕事の段取りを組み立てたり優先順位をつけたりすることが困難です。

一方、注意欠陥多動性障害（ADHD）の特性をもつ人は、目についたものや興味のあるものから次々と手をつけてしまいます。そのため、最終的に計画通りに進められません。

第 5 章　発達障害の人の対応法

7 優先順位を決める

AとBの二つのことをしなければいけない場合，事前にAとBの優先順位を決めておきます。自分で優先順位を決められなければ，上司やまわりの人に決めてもらいます。

どちらを優先するべきかわからない場合は，上司やまわりの人をたよりましょう。

仕事をパターン化しておくといい

仕事の段取りに関する問題は、事前に優先順位を決めて、考える余地をなくしておくことで解決します。自分で優先順位を決められなければ、上司やまわりの人に決めてもらいます。こだわりをなくすためにも、仕事をパターン化しておくとよいでしょう。

集中力がつづかない場合は、自分がやらなければいけないことの大まかな優先順位を決めておき、その上で並行して進められるものをいくつか決めておきます。一つのことに飽きたら、ほかのことに切りかえて、効率よく進めることができます。

複数の仕事を並行して行うようにすることで、仕事への集中力を持続させてスケジュール通りに仕事を進めることができるカピ。

第5章 発達障害の人の対応法

8 スマホや手帳で，チェックのしくみをつくる

注意や集中のしかたに原因がある

注意欠陥多動性障害（ADHD）の特性をもつ人は，確認のし忘れや情報の取りちがえなど，不注意によるまちがいをしてしまうことがあります。また，人によっては，視覚過敏などが，まちがいにつながる場合もあります。

こうしたまちがいは，注意や集中のしかたに原因があると考えられます。そこで，スマホのアプリなどを活用して，やらなければいけないことを思いだし，チェックするしくみを整えることが重要です。

気に入った手帳を購入すれば，習慣にしやすい

　自閉症スペクトラム障害（ASD）の特性をもつ人は，こだわりが強く，物に対する愛着を抱きやすい傾向があります。色やデザイン，手触りなどが気に入った手帳を購入すれば，スケジュールの管理を習慣にしやすくなります。

　まわりの人の協力も欠かせません。たとえばチームリーダーが，重要な会議や面会などの前日にメールを送信し，スケジュールを確認してもらうようにすると，まちがいを減らすことができます。

周囲の人もいっしょに確認をする習慣をつくることで，小さなミスを減らすことができるのです。

第5章 発達障害の人の対応法

8 手帳は1冊

手帳は，1冊だけを使うのが基本です。複数の手帳を使うと，どの手帳に記入したのかを忘れてしまい，予定があるのかないのか，わからなくなる可能性があるためです。

いつも同じ1冊の手帳を使っていれば，迷うことがないカピ。

9 物の置き場所を、使う頻度に応じて決めておく

整理整頓で重要なのは、たった三つ

注意欠陥多動性障害（ADHD）の人は、物事の優先順位をつけづらいという特性があります。このため、整理整頓も苦手で、机の上が書類の山になっていることも少なくありません。

整理整頓ができていない状態とは、その時その場所に必要のない物が置かれている状態です。そのため整理整頓に必要なのは、「不要な物を取り除く」「必要な物の場所を確保する」「必要な物をすぐに使えるように管理する」の三つです。

第5章 発達障害の人の対応法

9 整理整頓された状態

片づけが終わったら、整理整頓された状態を撮影しておきます。整理整頓が乱れてきたときに、撮影した画像と比較すると、不要な物がどこにあるのかすぐにわかります。

写真にとっておくと、次に片づけるときに、いらないものがすぐにわかるね。

使用頻度が高い物は，手に取りやすい場所に

不要な物を取り除くときや，必要な物の場所を確保するときは，使用頻度を考えることが重要です。たとえば，机の上を片づけるのであれば，使用頻度が低い物は，机の上から取り除きます。また，使用頻度が高い物は，机の上の手に取りやすい場所に置きます。

必要な物をすぐに使えるように管理するためには，常に片づけつづけることが重要です。整理整頓された状態を撮影しておいたり，引き出しに何を入れているかを付せんに書いてはっておいたりすると，あとで役に立ちます。

使ったら，必ず決められた場所に戻すという習慣がつけば，ものが散らかっている状態は少しずつ緩和されていくでしょう。

第5章 発達障害の人の対応法

10 会議の日時や議題などを、ノートに書きだしておく

わからなければ、上司に聞いてみる

発達障害の人は、会議中に発言者の言葉に集中しすぎて、会議で何が決まって何が決まらなかったのか、わからなくなってしまうことがあります。こうした問題を解決するのに役立つのが、事前に会議のポイントを書きだしておくことです。

具体的には、会議が開催される日時や場所、出席者、議題などを、ノートに書きだします。わからなければ、上司やまわりの人に聞いてもいいかもしれません。

会議で決まったことを，書きこむ

事前に会議のポイントをノートに書きだしておくと，会議の流れや出席者の発言内容などを，理解しやすくなります。 さらに，会議で決まったことや自分がやるべきことも，書きこむことができます。書きこむ際に赤ペンを使うと，よりわかりやすくなります。

可能であれば，ボイスレコーダーで会議を録音したり，ホワイトボードを撮影したりするのもいいでしょう。それでも会議についていけない場合は，会議を動画で撮影する方法もあります。

スマホがあれば，録音も撮影もできるね。

第5章 発達障害の人の対応法

10 会議の予習

事前に,会議が開催される日時や場所,出席者,議題などを,ノートに書きだしておきます。すると,会議の流れや出席者の発言内容などを,理解しやすくなります。

11 会話のときは、相手が主役と考える

相手を、不愉快な気持ちにさせてしまう

発達障害の人は、コミュニケーションが苦手だと感じる人が少なくありません。

自閉症スペクトラム障害（ASD）の特性をもつ人は、相手の真意を理解するのがむずかしい人が多いようです。一方、注意欠陥多動性障害（ADHD）の特性をもつ人は、頭に浮かんだことをすぐに口に出して、相手の発言をさえぎってしまうことがあります。このため、相手を不愉快な気持ちにさせてしまいます。

第5章 発達障害の人の対応法

11 会話のキャッチボール

コミュニケーションをとるときには,「その考え方はいいですね」とか「もう少し聞かせてください」など, 相手の意見を聞くような言葉からはじめます。すると, 相手からも意見を求められるようになります。これが, 会話のキャッチボールへつながります。

相手の意見を聞くようにすると,
自然と会話がうまくいくカピ。

ついていけないときは，うなずくだけでもいい

コミュニケーションの原則として，「相手が主役」と心がけていれば，大きな問題になることは少ないといえます。自分から何か話をしなければならないという気持ちに，とらわれないことが重要です。相手の話しているテーマについて質問すると，会話が自然とつづいていきます。話の流れについていけないと思ったときは，うなずくだけでもよいのです。

相手が主役と常に心がけていれば，会話の途中で相手の話をさえぎって，自分の話をはじめるようなこともなくなるでしょう。

コミュニケーションは，「相手が主役」と意識をするだけでも，会話の広がり方が変わっていきます。

第5章 発達障害の人の対応法

memo

発達障害かなと思ったら

　本書では,主な発達障害である,自閉症スペクトラム障害(ASD),注意欠陥多動性障害(ADHD),学習障害(LD)を紹介しました。もしかしたら,「自分は発達障害かもしれない」と思った人や,「自分の家族が発達障害かもしれない」と思った人もいるかもしれません。

　発達障害がある場合,困難をかかえたまま無理をつづけると,ひきこもりや不安障害などの二次的な問題を引きおこしてしまうことがあります。発達障害を早期に発見し,特性をよく理解して,適切に対応する必要があります。

　インターネットには,発達障害について理解を深めることができるウェブサイトや,発達障害の人や家族を支援するウェブサイトがあります。ま

た，公的機関には，発達障害の人や家族を支援する相談窓口があります。少しでも不安なことや心配なことがあるときは，正しい情報に触れ，相談窓口に問い合わせてください。

> 学習障害（LD）の可能性があると思われる子供がいる場合は，担任は「校内委員会」に報告することになっているカピ。校内委員会とは，特別支援教育コーディネーター，学年主任，養護教諭などから構成される組織で，その子供の指導のしかたなどについて検討し，担任をサポートする機能を担うカピ。

発達障害についてもっと知りたい！

【発達障害についての情報が得られるウェブサイト】

・政府広報オンライン	暮らしに役立つ情報として、特集記事「発達障害って、なんだろう？」を公開している。
・発達障害情報支援センター	発達障害に関する最新情報を収集・分析し、本人や家族に向けて普及啓発活動を行っている。
・発達障害教育情報センター	企業内健康管理センター／相談室、EAP（従業員支援プログラム）専門機関、働く人のメンタルヘルス・ポータルサイト「こころの耳」

どこに相談すればいい？

【公的支援機関】

・発達障害者支援センター	発達障害の人やその家族に対して、日常生活についての相談や発達支援、就労支援などを行う。都道府県や政令指定都市ごとに設置されている。
・発達障害教育情報センター	障害のある人に対して、職業評価、職業準備支援、職場適応支援などの各種職業リハビリテーションを実施している。雇用管理に関して事業主への援助なども行う。
・そのほかの相談機関	保健センターや保健所、市町村福祉事務所、各自治体の福祉担当窓口などでも、心身の健康や発達、子育ての相談などに対応している。窓口の名称や対象年齢、支援内容などはさまざま。

【医療機関】

発達障害を専門にみる児童精神科や、小児神経科のある総合病院などで診察を受けられる。大人の発達障害をみる病院も、ふえてきている。

第5章 発達障害の人の対応法

memo

さくいん

A～Z

- D1受容体 …… 102～104
- D2受容体 …… 102～104
- DSM-5 …… 22, 24, 42, 71, 85, 88, 91
- fMRI（機能的磁気共鳴画像法）…… 18, 19, 43, 48, 58
- MRI（磁気共鳴画像法）…… 19, 43

い

- 医学的な治療 …… 156, 157
- 依存症 …… 72, 73, 108, 110

う

- ヴォルフガング・アマデウス・モーツァルト …… 94, 95

お

- 大人の発達障害 …… 3, 27～29, 190
- 音韻処理 …… 132, 134
- 音韻認識 …… 124

か

- 核 …… 99
- 学習障害（LD）…… 14～17, 119～123, 129, 130, 136～139, 141, 142, 145～147, 151, 152, 162, 188, 189
- 環境の調整 …… 155～158, 161

け

- 計算 …… 126～128, 145
- 継次処理 …… 139
- 楔部 …… 70

こ

- 後帯状皮質 …… 70
- 心の理論 …… 55, 56
- 誤信念課題 …… 52～56
- 混合型 …… 84, 91, 93, 152

さ

- 再取りこみ口 …… 111～113
- 細胞体 …… 99, 133
- サヴァン …… 66, 67
- サヴァン症候群 …… 66
- 算数障害 …… 120, 121, 126～128, 142

し

- 実行機能の破たん …… 96
- シナプス …… 98, 133
- 自閉症スペクトラム障害（ASD）…… 11, 14～17, 21, 23, 24, 26, 27, 32, 39, 40～44, 46, 48, 58～60, 62～64, 67, 68, 70～76, 79, 92, 146,

147, 151, 152, 154, 159, 172, 176, 184, 188
衝動············ 82, 83
小脳······47, 63, 64, 107
ジョージ・スティル············ 114, 115
書字障害············120, 121, 123, 129

す

数概念············126, 127
数処理············126, 127
数的推論············126, 127
スマーティ課題············55～57

せ

世界自閉症啓発デー········164
前頭連合野············105～107

た

大脳基底核······99～102, 134
多動······15, 16, 28, 82, 83, 96, 99, 114, 168
多動・衝動性優勢型············ 84, 88～93
短所改善型指導············138

ち

注意欠陥多動性障害（ADHD）············14～16, 21, 23, 28, 32, 71, 81～85, 87～96, 98～101, 103, 104, 106, 108, 110～114, 145～147, 151, 152, 154, 161, 166, 172, 175, 178, 184, 188
注意欠如············ 82, 83, 92
注意欠如優勢型······84～87, 91～93
長所活用型指導············138

と

同時処理············139, 140
ドーパミン······98, 100～104
読字障害············120, 121, 123, 129, 147

な

内側前頭前野············46～48, 52～54, 58, 60, 63～65

は

発達障害啓発週間············164
発達障害者支援法····26, 164
ハンス・アスペルガー······34, 35, 79

ふ

福祉サービス············156, 157
不注意········15, 16, 81, 82, 85, 96, 145, 147, 175

へ

扁桃体……63, 64, 97, 101

ほ

報酬系……96〜98, 100, 106, 108
報酬への反応……96
紡錘状回……63, 65

み

ミラーニューロン……43〜45

り

療育……79, 156, 157

れ

レオ・カナー……34, 35

ろ

ローナ・ウィング……11, 78, 79

わ

ワーキングメモリ（作業記憶）……105, 106

memo

シリーズ第32弾!!

ニュートン超図解新書
最強にわかる
依存症

2024年10月発売予定　新書判・200ページ　990円（税込）

　依存症は，依存性のある物質の摂取や依存性のある行為を，やめたくてもやめられない病気です。たとえば，お酒やたばこをやめたくてもやめられない，ギャンブルやゲームをやめたくてもやめられない，そういう状態が依存症です。

　スマートフォンのSNSやゲームに熱中して，つい夜ふかしをしてしまったという経験は，誰しもあるのではないでしょうか。これは，依存症なのでしょうか。実は，熱中と依存症の線引きは，明瞭ではありません。多くの場合，その人の社会生活にどれだけ支障が出ているかをもとに，依存症かどうかが判断されます。それだけ依存症は，私たちにとって身近な病気なのです。

　本書は，2022年5月に発売された，ニュートン式 超図解 最強にわかる!!『精神の病気　依存症編』の新装版です。「物質依存症」「行為依存症」「人への依存」の3種類の依存症にくわえて，依存症になってしまう心理や，依存症からの回復についても，最強にわかりやすく紹介しています。ぜひご期待ください！

最強にわかりやすいマレー！

主な内容

物質依存症

前と同じ快感を得るには,より多くの薬物が必要
酒を飲まないと,不快で強烈な症状が出る

行為依存症

授業中や仕事中にも,ゲームの快感を求める
購入前の不安感や購入後の安堵感に,夢中になる

人への依存

自分の価値を,相手に必要とされることに求める
なぐられても,相手には自分が必要と考えてしまう

依存症になってしまう心理

自己評価が低い人は,依存症になりやすい
脳がさまざまな理由を考え,誘惑してくる

依存症から回復するために

孤立を防ぐことが,依存症からの回復に必要
自助グループでたがいにほめ,はげましあおう

Staff

Editorial Management	中村真哉
Editorial Staff	道地恵介
Cover Design	岩本陽一
Design Format	村岡志津加（Studio Zucca）

Illustration

表紙カバー	羽田野乃花さんのイラストを元に佐藤蘭名が作成
表紙	羽田野乃花さんのイラストを元に佐藤蘭名が作成
11～59	羽田野乃花
64～65	羽田野乃花（①）
67～131	羽田野乃花
133	佐藤蘭名さんのイラストを元に羽田野乃花が作成
136～190	羽田野乃花

①：BodyParts3D, Copyright © 2008 ライフサイエンス統合データベースセンター licensed by CC 表示－継承2.1 日本"（http://lifesciencedb.jp/bp3d/info/license/index.html）

監修（敬称略）：
山末英典（浜松医科大学精神医学講座教授）

本書は主に，Newton 別冊『精神の病気 発達障害編』の一部記事を抜粋し，大幅に加筆・再編集したものです。

ニュートン超図解新書
最強にわかる　発達障害

2024年10月15日発行

発行人	松田洋太郎
編集人	中村真哉
発行所	株式会社 ニュートンプレス　〒112-0012 東京都文京区大塚3-11-6 https://www.newtonpress.co.jp/ 電話 03-5940-2451

© Newton Press 2024
ISBN978-4-315-52851-0